楽しい調べ学習シリーズ

水辺の鳥を観察しよう！

湖や池・河川・海辺の鳥

飯村茂樹

PHP

水辺の鳥を観察しよう！　もくじ

コアジサシ（夏鳥）

はじめに
──水辺の鳥を観察するにあたって………4
野鳥観察の前に知っておこう………5
野鳥観察絵地図
──湖や池・河川・海辺で見られる鳥………6
野鳥観察のときの服装と持ち物………8

第1章　水辺の鳥の季節
一年中日本で見られる水辺の鳥………10
水辺で見られる夏鳥………12
水辺で見られる冬鳥………14
水辺にやってくる旅鳥………16
＜もっと知りたい＞コースをはずれた迷鳥………19
コラム　V字形の編隊で飛ぶ渡り鳥………20

オグロシギ（旅鳥）

第2章　水辺の鳥の子育て
水際や水上で巣づくり………22
＜もっと知りたい＞タンチョウの巣づくりと子育て………25
水辺のヨシ原で巣づくり………26
地面で巣づくりをする水辺の鳥………28
樹上で巣づくりをする水辺の鳥………30
がけに巣穴をほって子育て………32
海辺にくらす鳥たちの繁殖地………34
コラム　滝の裏側で子育てをするカワガラス………36

オオヨシキリ（夏鳥）

カイツブリ（留鳥、漂鳥）

オナガガモ（冬鳥）

カワセミ（留鳥）

第3章　水辺の鳥の食べ物
水辺にくらす植物食の鳥………38
水辺にくらす動物食の鳥………40
コラム　集団で子育てをする水鳥と人間とのトラブル………44

第4章　身近な水辺の鳥の観察
サギの仲間を見わけよう………46
カモの仲間の2タイプを観察しよう………48
見わけに迷うカモの観察………50
〈もっと知りたい〉カモの雑種のマルガモ………53
ハクチョウの観察………54
コハクチョウの1日………56
ハクチョウやカモたちの北帰行………58

ユリカモメ（冬鳥）

おわりに
──水辺の鳥がかかえる現代の問題………60

さくいん………62

アオサギ（留鳥、夏鳥）

はじめに
——水辺の鳥を観察するにあたって

　日本では約550種の野鳥が見られ、それぞれがさまざまなくらし方をしています。もちろん、同じ時期に同じ場所で、すべての種類の鳥と出会えるわけではありません。野鳥は種類によってくらす場所がおおよそきまっています。この本では、湖や池、沼、川、水田、海岸や干潟など、水辺で出会える鳥たちのくらしを見ながら、観察の方法を紹介していきます。

　夏の間、静かだった湖や池、沼の水面は、田んぼの稲刈りがおわり、秋風がふきはじめるころから、じょじょににぎやかになってきます。見通しのよい水辺にくらす野鳥は、木の葉や草かげに姿がかくされてしまいがちな山や森、草原の鳥にくらべて観察が容易です。とくにハクチョウやカモの仲間は、からだが大きく、動きがゆったりしているので、野鳥観察の初心者が双眼鏡の使い方を練習するにはもってこいの相手です。ハクチョウやカモの仲間は「水鳥」とよばれ、水辺にくらす野鳥の代表といえます。

　いっぽう、水辺の野鳥の中にも警かい心が強く、危険を感じるとすぐに姿をかくしてしまう鳥がいます。また、川の上流まで行かなければ、なかなか出会えない鳥もいます。

　みなさんがすんでいる地域の水辺では、どんな鳥がどんなくらしをしているでしょうか。水辺の鳥の観察は、みなさんの身近で見られる水鳥の観察からはじめることをおすすめします。観察場所が近くにあると、1年を通してその水辺に通うことができます。四季の変化によって、水辺で見られる鳥の変化が観察できます。そして、ひんぱんに通うことで、その水辺で見られる鳥たちの行動を細かくつかむことができます。

　水辺には、ぬかるみやすべりやすい斜面があります。足もとに気をつけて観察してください。冬の水辺は冷えこみます。寒さ対策をしっかりしてでかけましょう。

　野鳥観察の楽しみ方に、きまりはありません。お気に入りの鳥を見つけて、その鳥の生態をじっくり観察する楽しみ方もあれば、より多くの種類をさがしだす楽しみ方もあります。どうしたら鳥たちに警かいされず、ありのままの姿を観察できるか、自分なりに鳥に近づく方法をさぐりだすのも、野鳥観察ならではの楽しみです。生まれてはじめて見る鳥たちとの出会いは、あなたにとっての大発見です。気持ちが高ぶって、その夜はねむれなくなるかもしれません。

　さあ、野鳥観察のチャレンジをスタートしましょう。

飯村茂樹

野鳥観察の前に知っておこう

＜鳥のからだの各部の名前＞

カルガモ

- **頭**
- **耳** — 外耳はなく、耳の穴は羽毛でおおわれている。
- **眼**
- **鼻孔（鼻の穴）**
- **くちばし** — 歯はない。
- **首** — からだに対して長い。
- **羽毛** — 重なって生え、羽毛と羽毛の間の空気の層が断熱材となり、寒さからからだをまもる。
- **あし指** — ふつう４本。水鳥の場合、指と指の間に膜があり、水かきの役目をする。
- **ツメ**
- **あし** — 後ろあしにあたり、うろこでおおわれている。
- **翼鏡** — 特別に光沢のある色をしている部分。カルガモでは羽が生えかわるとき（換羽期）にめだつ。
- **初列風切羽（10枚）** — 推進力を得るための羽。
- **次列風切羽（12～16枚）** — 揚力を得るための羽。上に向かってうきあがる力（揚力）を生みだす。
- **三列風切羽**
- **翼** — 前あしが変化したもの。なかでも風切羽（初列風切羽と次列風切羽）はふりおろすときに、揚力や推進力を生みだす。
- **尾羽** — 飛んでいるときの方向を変え、ブレーキの役目もする。

羽ばたいたときの初列風切羽
ふりおろすとき、先のほうの羽と羽の間がひろがると同時に、ねじれて推進力を生みだす。飛行機のプロペラの役目をしている。

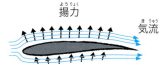

鳥の翼の断面
気流の中では翼の上面と下面で揚力が生じている。翼の上面のほうが下面よりわん曲していて距離が長いため、上面の空気は下面より速く流れる。空気の流れが速いと圧力が下がり、上向きの力（揚力）がはたらく。

＜鳥の全長、翼開長の測り方など＞

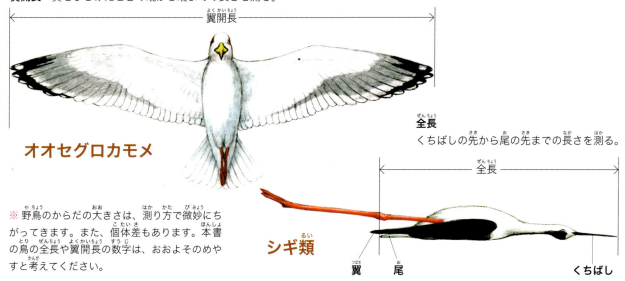

翼開長 翼をひろげたときの端から端までの長さを測る。

オオセグロカモメ

全長 くちばしの先から尾の先までの長さを測る。

シギ類

※野鳥のからだの大きさは、測り方で微妙にちがってきます。また、個体差もあります。本書の鳥の全長や翼開長の数字は、おおよそのめやすと考えてください。

野鳥観察絵地図
——湖や池・河川・海辺で見られる鳥

この絵地図は、湖や池・河川・海辺のどこで、どんな鳥がいつごろ見られるかを示した模式図です。鳥たちは種類によってくらす場所がだいたいきまっています。しかし、一年中その場所にいる鳥（留鳥）もいれば、ある季節にだけやってくる鳥（夏鳥・冬鳥・旅鳥）や、季節によって国内を移動する鳥（漂鳥）もいます。みなさんのすんでいる地域では、いつ、どこに、どんな鳥がやってきて、どのようなくらしをしているか観察してみましょう。

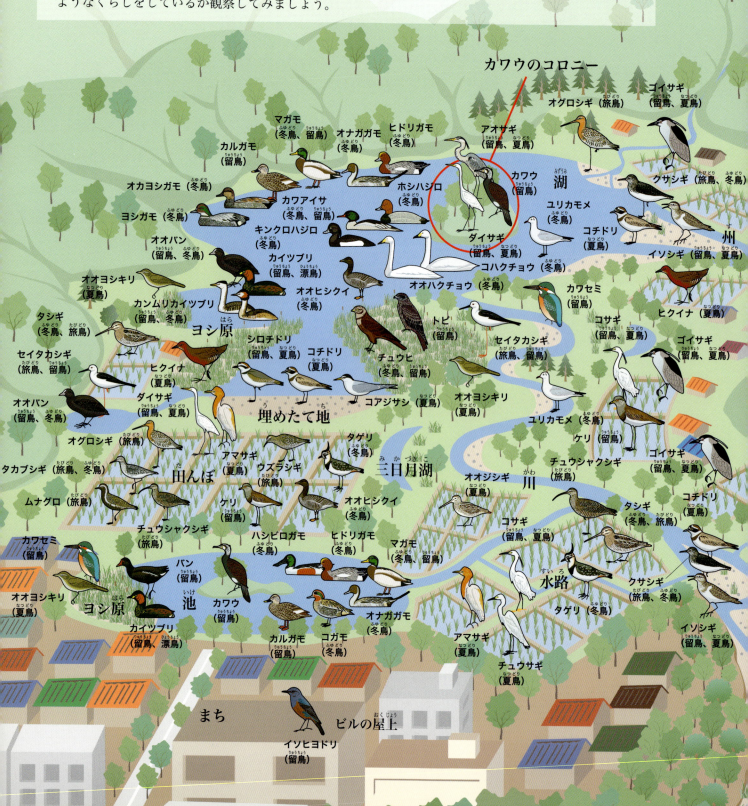

野鳥観察のときの服装と持ち物

＜野鳥観察のときの服装＞

まちの中を流れる川や公園の池などにくる水鳥を観察するときは、ふだん着でもかまいません。郊外の湖や池、沼、河川や田んぼ、ヨシ原や湿地、海岸や干潟などにでかけて観察するときは、ハイキングのときなどに着るアウトドア用の服装が便利です。季節によって気候がちがうので、夏の暑さ、冬の寒さ対策をしっかりしましょう。とくに夏の熱中症対策、紫外線対策はわすれないように。水辺を歩くことが多いので長靴が便利です。

持ち物

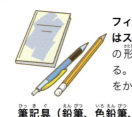

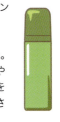

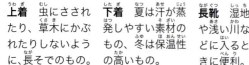

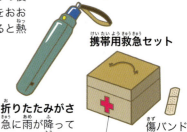

ザック（デイパック） 両手が自由に使えるようにしておく。

フィールドノートまたはスケッチブック 鳥の形や行動を記録する。日付・時間・場所をかならず書く。

筆記具（鉛筆、色鉛筆、ボールペン）

小型の野鳥図鑑

弁当 1日がかりの野鳥観察のときなど。

水筒 冬は保温できる魔法ビンが便利。

ぼうし つばつきのもの。夏は強い日差しから頭部や首筋をまもり、冬は寒さを防いでくれる。防水加工されているものがよい。

おかし 歩きつかれたときにはあまいものがよい。

ティッシュペーパー

小さなビニール袋 落ちている鳥の羽を採集してもち帰る。ファスナーつきのものが便利。

ルーペ 鳥が食べのこした草木の実や種子、鳥のふんやペリット（ペレット）を拡大して見るときに便利。

タオル 夏は、ぼうしの後ろ側にはさんで首筋をおおい、日差しをさえぎると熱中症の予防になる。

折りたたみがさ 急に雨が降ってきたとき用。

携帯用救急セット ガーゼ、包帯、消毒薬、傷薬など。 傷バンド

上着 虫にさされたり、草木にかぶれたりしないように、長そでのもの。

下着 夏は汗が蒸発しやすい素材のもの、冬は保温性の高いもの。

長靴 湿地や浅い川などに入るときに便利。

軍手 けが防止用。冬は手袋のかわりにもなる。

＜双眼鏡や野鳥観察専用の望遠鏡＞

双眼鏡

倍率は8〜10倍くらいのものがよい。倍率が高すぎると視野がせまくなり、動きまわる鳥を瞬時にとらえるのがむずかしい。

使い方 片方ずつピントを合わせ、左右の目でのぞいて像がひとつに重なるように見る。初心者は少し訓練が必要。

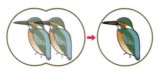

野鳥観察専用の望遠鏡

双眼鏡より倍率が高く、遠くの木にとまっている鳥などを観察するときに威力を発揮する。双眼鏡より少し高価だが、あると便利。画面が動かないように三脚につける。きき目で接眼レンズをのぞきながらピントを合わせる。アダプター（接続器具）を用いてデジタルカメラをとりつけ、写真を撮ると迫力あるシーンが写せる。

第1章
水辺の鳥の季節

琵琶湖の浅瀬でえさをとるハマシギ（旅鳥、冬鳥）。

第1章 水辺の鳥の季節

一年中日本で見られる水辺の鳥

日本の水辺には、季節に合わせて南から北から、いろいろな鳥が渡ってきます。いっぽう、一年中日本の水辺でくらす鳥もいます。どんな鳥がいるでしょう。

▶池の浅瀬でえさをさがすコサギ。全長61㎝。もっともよく見かけるサギ類。

一年中見られる水辺の留鳥

　1年を通して日本でくらす野鳥を留鳥とよんでいます。清流をこのむヤマセミやカワガラス、清流から小川、池まで幅広くくらすカワセミは留鳥です。しかし、南北に約3000kmもある日本列島は、南と北で気候がちがいます。そのため留鳥に分類されている鳥が、どの地域でも一年中見られるというわけではありません。たとえば本州から南でふつうに見られるコサギは、その地域では留鳥ですが、北海道では夏にしか見ることができない鳥（夏鳥）です。

　また、夏に大きな湖面や池を見ると、春先まであれほどにぎわっていたカモたちの姿はありません。静かな水面にときどきカイツブリやバン（→22ページ）の姿を見かける程度です。

▼水辺の青い宝石とよばれるカワセミ（オス）。全長17㎝。からだにくらべて頭が大きく、くちばしが長い。水辺の枝やくいにとまって水中の魚をえものとしてねらう。

　1年を通して水辺ですごす鳥たちはそう多くありません。カモの仲間で留鳥といえるのはカルガモくらいです。

渡り鳥から留鳥になった鳥

　かつて渡り鳥であった野鳥が、留鳥になった例にオオバンがあげられます。琵琶湖にくらすオオバンは、以前は冬に渡ってきた鳥（冬鳥）でした。ところが、1970年代後半から、春になっても北に帰らず、そのままとどまり、繁殖をは

▶清流の岩にとまるカワガラス。全長22㎝。全身が黒いのでカラスという名がついているが、カラスの仲間ではない。「ビッビッ」と鳴きながら水によくもぐる。

▲清流でカワムツをとらえたヤマセミ（オス）。全長38㎝。頭にとさかのような冠羽がある。オスは胸にかけて橙色の羽がまじる。

▲池の水面を移動するカイツブリの親子。親は全長26㎝。東北や北海道では夏にしか見られない。

▲カルガモの親子。親は全長61㎝。大きくなったヒナをつれて広い池のそばの水路を移動する。一年中見られるもっとも身近なカモ。

じめるものが見られるようになりました。その後、年ねんその数がふえていき、夏もいのこって繁殖するオオバンがいたるところで観察されるようになりました。

オオバンはザリガニや小魚、水草など何でも食べる雑食性の鳥です。琵琶湖の富栄養化※で、えさになる水草がふえたことなどが、その理由のひとつかもしれません。さらに、本来、夏の繁殖場所であった中国で起こった大洪水などの自然環境の変化が、「渡り」に影響をあたえたのではないかと推測されています。

渡りをする鳥、しない鳥

鹿児島県出水市には、マナヅルとナベヅル（→15ページ）が冬鳥として毎年1万羽以上も渡ってきます。ところが、同じツルの仲間でも、北海道にくらすタンチョウは一年中日本にいて、渡りをすることはありません。同じカモの仲間やツルの仲間でも、渡りをする種類としない種類がいるのは不思議なことです。その不思議をさぐっていくことも野鳥観察の楽しみといえます。

▶ハスの葉の上で背伸びをするオオバン。黒いからだに白いくちばしと額がめだつ。全長39㎝。かつて関東以北で繁殖していたが、今では留鳥や冬鳥として全国で見られる。

▼冬から早春にかけて群れになってすごすオオバン。

▲雪原で鳴き合いをするタンチョウのペア。全長140㎝、翼開長240㎝。国の特別天然記念物。北海道で繁殖し、冬季もそのままとどまるが、まれに本州や九州にやってくるものもいる。

※湖などで、リンやチッソなどの栄養分をふくむ排水が流れこみ、水質が変わること。

第1章 水辺の鳥の季節

水辺で見られる夏鳥

春から夏にかけて、南方から日本へ渡ってくるのが夏鳥です。夏鳥たちは日本で子育てをして秋になると、もといた国へ帰ります。水辺の夏鳥はそう多くはありません。

水辺にくる夏鳥のいろいろ

水辺にやってくる夏鳥には、オオヨシキリ、ヒクイナ、アマサギ、チュウサギ、コアジサシ、コチドリなどがいます。しかし、冬の間、湖面をにぎわせていたカモのように、群れになって大きな湖や池に渡ってくる夏鳥はいません。カモやハクチョウたちは、この季節、ユーラシア大陸北部や北アメリカ北部で繁殖中です。

ヨシ原で繁殖する夏鳥

オオヨシキリは、水辺に群生するヨシ原が繁殖地です。オスはヨシのてっぺんにとまり、「ギョギョシ、ギョギョシ、ケチケチケチ」と大きな声でさえずりながら、なわばり宣言をし

▶ヨシ原のめだつ場所にとまり、なわばり宣言をするオオヨシキリのオス。メスをよぶための"さえずり"でもある。全長18cm。

ます。広いヨシ原のあちこちからこの大声が聞こえてきて、水辺に夏がきたことを知らせてくれます。この鳴き声「行行子」は夏の季語として昔から俳句によみこまれています。

▲コアジサシ。卵をだくメスに魚を運んできたオス。全長25cm。

▲日本で見られるチドリ類では、いちばん小さいコチドリ。全長16cm。目のまわりの黄色のリングがめだつ。

▲田植えのはじまった田んぼでえさをさがすアマサギ。頭から首にかけての羽毛が黄橙色になるのが特徴。全長51㎝。日本の南部で越冬するものもいる。

▲田んぼのあぜにたたずむチュウサギ。全長69㎝。夏羽では胸と背にレース状のかざり羽が生える。

ところが、近ごろのオスは、ヨシ原の中に姿をかくしてさえずることが多くなりました。めだたないところでさえずることで、巣のありかを天敵のカラスなどに知られないようにするためだと考えられます。

水田や湖畔で繁殖する夏鳥

水田や湖畔の草むらにかくれるようにして、巣をつくり子育てをするのがヒクイナです。「キョキョキョキョキョキョ」と連呼する鳴き声が、戸をたたく音に聞こえるとして「水鶏たたく」など、俳句の夏の季語としてよみこまれています。

また、オオジシギは草原で繁殖する夏鳥ですが、繁殖地に渡る途中、水田などでも見られます。

▲オオジシギ。春や秋の渡りの途中、水田などに立ち寄るのが見られる。全長30㎝。オスは、「ズビャーク、ズビャーク」と鳴き、急降下しながら「ザザザザー」という羽音をだす独特のなわばり宣言をする。

▶草かげから顔をだすヒクイナ。めだつところにでてくることは少なく、ヨシ原などのふちを歩きながら、昆虫やカエルをとる。全長23㎝。

第1章 水辺の鳥の季節

水辺で見られる冬鳥

秋のおわり、北方から日本へ渡ってくる鳥が冬鳥です。群れで渡ってくるものが多く、水辺はにぎやかです。水辺の冬鳥にはどんな鳥がいるでしょうか。

食べ物のある日本へ

鳥は恒温動物で羽毛におおわれているため、寒さに弱いわけではありませんが、体温を保つためには食べ物が必要です。夏の間くらしていた北方の繁殖地は、冬になると雪と氷でおおわれて、えさがとれなくなってしまいます。そこで冬でもえさのとれる日本へ渡ってくるのです。

しかし、日本へ渡ってくる冬鳥たちも、日本での降雪量や、湖や池の水位の影響を受けます。北日本や北陸地方で雪の多い年は、えさのとりやすい西日本で水鳥の数が多くなります。

▲隊列を組んで飛ぶオオヒシクイ。
▶琵琶湖の湖面を移動するオオヒシクイ。全長85〜95cm。ヒシクイとはヒシをこのむことにちなんだ名で、オオヒシクイはヒシクイよりからだが大きい。

湖や池、田んぼなどにくる冬鳥

湖や池にやってくる冬鳥の代表がヒドリガモやオナガガモ、キンクロハジロ、ホシハジロなど、カモの仲間です。ハクチョウもからだは大型ですが、カモの仲間です。オオヒシクイなどのガンもカモの仲間で、ハクチョウとカモの中間の大きさです。

ハクチョウやガンはオスもメスもからだの色が同じで、1年を通じて色が変わることはありません。いっぽう、小型のカモの仲間は季節によって、オスとメスとでからだの色がことなります。メスはいつも地味な色ですが、オスは繁殖期になるとあざやかな色になります。

▲水田で翼を休めるオオハクチョウ。全長140cm。
◀池に集まるヒドリガモやオナガガモ。ヒドリガモの全長は49cm。オナガガモのオスの全長は73cm、メスは53cm。

▲九州の鹿児島県出水市の田んぼにやってきたマナヅル。全長127cm。世界のマナヅルは推定6500羽で、その半数近くの約3000羽が越冬のために出水平野にやってくる。

▲出水市に渡ってきたナベヅル。世界のナベヅルは推定1万2000羽で、その約9割が出水平野にやってくる。全長100cm。

タゲリやタシギのように水田や浅い水辺をこのむ冬鳥もいます。鹿児島県出水市に毎年、合わせて1万羽以上も渡ってくるマナヅルやナベヅルも冬鳥です。

ふるさとへ旅立つ冬鳥

冬鳥は春の気配が感じられるころ、もといた国へもどり、巣づくりと子育てをします。そして秋になると、飛べるまでに成長した若鳥とともに、ふたたび日本へ渡ってくるのです。

山里の湖や池から都会の河川まで、広い範囲で見られるユリカモメも冬鳥です。渡ってきたときには白い顔をしていますが、春に北へ帰るころには、黒い顔になっています。顔の羽毛が白と黒の2色になっていて、春になると羽先の白い部分がすり切れます。表にでていた白い部分がけずれることで、かくれていた黒い部分が表面にでるしくみです。

▲左、冬の田んぼにやってきたタゲリ。頭の後ろにのびた長い冠羽が特徴。全長32cm。右、湿地の草の間を歩くタシギ。全長27cm。もっと南方に渡っていく旅鳥として立ち寄るものもいる。その名の通り、田んぼや湿地をこのんでやってくるシギの仲間。

▲湖面で休むキンクロハジロ（黒色の頭）とホシハジロ（赤茶色の頭）の群れ。キンクロハジロ全長43cm、ホシハジロ全長45cm。

▲北へ帰る途中のユリカモメ。頭部の羽毛が黒色にかわる。

◀湖面にういて休むユリカモメの群れ。全長40cm、翼開長98cm。もっとも身近なカモメの仲間。

第1章 水辺の鳥の季節

水辺にやってくる旅鳥

渡り鳥の中には、日本よりも南方で冬を越して、日本よりも北方の地で繁殖する鳥がいます。その旅の途中で休息地として日本に立ち寄る鳥が旅鳥です。

▶湖の浅瀬にやってきたクサシギ。尾を上下にふりながら歩く。全長24㎝。

休息と栄養補給の中継地

　旅鳥たちにとって、日本は羽を休め、栄養補給をするための中継地です。春に夏鳥が日本を訪れるころにやってきて、しばらく休息してから北方へ旅立ちます。北方で繁殖をおえると、秋に冬鳥が日本を訪れるころにやってきてひと休みしてから、南方へ旅立っていきます。おもな旅鳥はシギやチドリの仲間です。水辺にすむ貝や甲殻類、ミミズなどをこのんで食べるので、旅鳥は海辺の干潟や水田、湖や池のほとりなど、湿地性の土地で多く見られます。

が豊富にあります。海に面した平野部の田んぼの多くは、かつて海だったところです。後の時代に海水面が下がって陸になった土地や、干拓事業で埋め立てられた土地に田んぼが開かれました。現在、田んぼにきている旅鳥たちの祖先も、その昔、陸になる前の干潟で、えさをとっ

初夏の水田は広大な湿地

　春に旅鳥たちが日本に立ち寄るころ、各地の田んぼでは田植えの季節をむかえ、水面がひろがります。
　水の入った田んぼには、カエルやザリガニ、タニシなど、旅鳥の栄養補給にかかせないえさ

▶湖の浅瀬でえさをさがすセイタカシギ。全長37㎝。赤くて長いあしがめだつ。現在は東京湾や愛知県の三河湾など一年中見られる地域もある。

▲田植え後間もない田んぼにきて、えさをさがすウズラシギ。全長22㎝。

▲田植え後の田んぼにきて、えさをさがすタカブシギ。全長22㎝。関東以西では冬鳥として越冬するものもいる。

旅鳥の渡りのコース

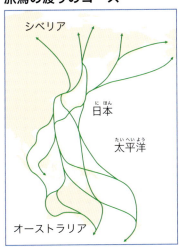

海の近くに田んぼができるまで

今から約2万5000年前（氷河期）。海面は低下して沖のほうにしりぞいていた。

今から約6000年前（縄文時代前期）。温暖化で海面が上昇、湾の奥まで海がひろがった。

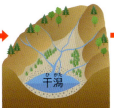
今から約3000年前（縄文時代末〜弥生時代）。海面が低下して干潟がひろがった。

現在。干潟が開発されて田んぼになった。水のある時期の田んぼは干潟とにた環境だ。

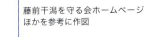
藤前干潟を守る会ホームページほかを参考に作図

ていたことでしょう。また、琵琶湖のような大きな湖の浅瀬でも、えさになる生き物が豊富に生息しています。旅鳥たちは短い休息時間でしっかりと栄養補給をするため、えさの豊富な場所を見つけて立ち寄っていくのです。

▲水がはられた田植え前の田んぼで、えさをさがすチュウシャクシギ。全長42㎝。下向きにわん曲した長いくちばしが特徴。

第1章 水辺の鳥の季節

食べ物にあったくちばしの形

　旅鳥は滞在期間が短いので、観察する機会が少ない鳥たちです。しかし、ふだん出会う身近な鳥たちでは、見ることのできない特徴的なくちばしの持ち主が多く、そのくちばしの形で種類がわかったりします。

▲湖の浅瀬で貝をとって食べるオバシギ。貝類がすきで丸のみする。全長29㎝。

▲湖の岸辺でえさをさがすアオアシシギ。全長35㎝。本州中部以南で越冬するものもいる。

▲湖の水際でえさをさがすハマシギ。全長21㎝。もっとも多く見かけるシギの仲間。大群をつくることがあり、一部は冬鳥。

干潟や田んぼで見られるシギ類のくちばしと食べ物

イソシギ（留鳥、夏鳥、全長22㎝）：水生昆虫の幼虫、ミミズ、植物の種子

キョウジョシギ（旅鳥、全長22㎝）：ハマトビムシ、貝、甲殻類（小石をめくりながらえさをとる）

ハマシギ（旅鳥、冬鳥、全長21㎝）：水生昆虫の幼虫、ゴカイ、甲殻類

オオソリハシシギ（旅鳥、全長39㎝）：ゴカイ、カニ、貝

ヘラシギ（旅鳥、全長15㎝）：昆虫、甲殻類、植物の種子（くちばしを左右にふりながらえさをとる）

ソリハシシギ（旅鳥、全長23㎝）：昆虫、甲殻類

ダイシャクシギ（旅鳥、一部で冬鳥、全長60㎝）：ゴカイ、カニ、貝

▲水位の下がった琵琶湖でえさをさがすオグロシギの群れ。全長39㎝。秋に多く見られる。

▲田植え前の水田でえさをさがすムナグロの群れ。全長24㎝。夏羽はその名の通り胸から顔にかけて黒い。

春と秋では数がちがう不思議

　旅鳥は、北方の地が氷でおおわれてしまい、えさ不足になる冬、日本を中継して南方へ向かい、越冬します。日本を中継地にして往復するのですから、春も秋も同じ種類が同じ数だけ姿を見せてもよいはずです。しかし、なぜかチュウシャクシギは春に多く見られ、オグロシギなどは秋に多く見られます。種類によって、春と秋ではたどるコースがちがうようです。鳥の渡りはずいぶん複雑で、まだまだわかっていないことがたくさんあります。

＜もっと知りたい＞　コースをはずれた迷鳥

　ふだんその土地にくらしていなかったり、渡り鳥としてやってきたりすることもない鳥が、台風などのときに日本に迷いこむことがあります。多くは渡りの途中でコースをそれた鳥です。そんな鳥を「迷鳥」とよびます。ときどき飼育されていた外国産の野鳥がにげだし、遠くはなれた野外で見つかることがあります。そんなとき、その鳥が迷鳥なのか、どこからかの「かごぬけ（にげだした鳥）」なのか、区別がつかないことがあります。

▲鹿児島県出水平野に冬鳥のマナヅルとともにやってきたクロヅル。全長115㎝。出水市には毎年数羽がやってきて越冬するが、ほかの地域ではまれにしか見られない。

> コラム

Ｖ字形の編隊で飛ぶ渡り鳥

　長距離を移動するときのハクチョウやガンの仲間が、Ｖ字形の編隊や、ななめ横に一直線にならんで「さお」のように見える編隊を組んで飛んでいる光景を目にすることがあります。なぜ、あのような形になるのでしょう。

　じつは、鳥たちは意識してあのような編隊を組んで飛んでいるわけではありません。鳥が羽ばたくと空気がかきまわされて、その鳥の後ろにうずを巻いた風がのこります。群れで飛ぶ鳥たちは、この風を利用しているのです。うずの風の上部は上昇気流になっているので、この風にうまくのると強く羽ばたかなくても、うきあがる力（揚力）が得られます。これによって飛ぶために使うエネルギーが少なくてすみます。ですから、先頭の鳥の右の翼の後ろに１羽、左の翼の後ろに１羽と、少しずつずれてならんで飛ぶと、後ろの鳥たちは省エネ飛行で渡りができるわけです。その形を下から見あげると、きれいなＶ字の形がつくられています。このようにして群れで渡る鳥たちは、体力を使う先頭を入れ代わりながら、長距離を渡っていくのです。

翼と翼の間の気流の流れ

▲Ｖ字編隊で飛ぶコハクチョウの群れ。先頭を交代しながら群れ全体で省エネ飛行をしている。コハクチョウは全長120〜133㎝、翼開長200㎝。

第2章
水辺の鳥の子育て

ヤマセミ親子（留鳥）。巣立った幼鳥（右）にえさの魚をあたえる親鳥。

水際や水上で巣づくり

水辺の草を利用して巣をつくり、産卵・子育てをする鳥がいます。どんな鳥たちがいるでしょうか。

巣づくりの2タイプ

4月から5月にかけて、水辺に生える草を利用して、水際や水面に巣づくりをする鳥たちがいます。巣づくりにはふたつのタイプがあります。ひとつはバンやオオバンのように、水際で成長するじょうぶなヨシの茎に、集めてきた水草の茎や根をからませながら積みあげていくタイプ。もうひとつは、カイツブリのように、水面にひろがるヒシなどに草をからめ、水面にういているような巣をつくるタイプです。

バン、オオバン、カイツブリはともに、巣づくりはオスとメスがいっしょにおこないます。

水辺にひびくなわばり宣言

バン、オオバン、カイツブリは、外見からオスとメスを見わけることはできません。しかし、ほかのつがいとのなわばりあらそいや、巣づく

▲カイツブリのなわばりあらそい。水面をかけながら侵入者を威かくする。

▶オスとメスで巣づくりをするカイツブリ。巣材は水草の茎や根。

りの行動、ヒナへのえさやりなどを観察していると、なんとなくオス、メスがわかるようになってきます。

▲カイツブリの巣は水にういたような巣で、「うき巣」とよばれる。

▶ヨシの根もとに茎をからめてつくったバンの巣。オスとメスが交代で卵をあたためる。

▲ヨシの茎にからめてつくった巣で卵をあたためるオオバン。このオオバンは、天敵が近づきにくい水路のまん中で巣づくりをした。

◀えさ場をめぐってなわばりあらそいをするオオバン。水上を走り侵入者を追いだす。

水辺の鳥たちは、野山の鳥たちのように美しい声でさえずることはありませんが、カイツブリは、「キュルル、キュルル、キュルルルル」と甲高い声で、なわばり宣言をし、オオバンは、「キュイー、キュイー」と鳴きながら、なわばり宣言をします。この時期、なわばりに入りこんだ相手に対して、水面をかけまわりながら追いだそうとするようすが見られます。

求愛ダンスをする水鳥

オオバンやカイツブリより、ひとまわり大きいカンムリカイツブリも、水上に巣をつくります。カンムリカイツブリの求愛は独特で、オスとメスが向かいあうと、首をまっすぐにのばし、頭を左右にリズミカルにふりあいます。そのようすは、まるで水上でダンスをおどっているようにも見えます。

◀カンムリカイツブリの求愛行動。首をのばして頭を左右にふる。全長56cm。おもに冬鳥として日本にやってくるが、青森県、茨城県、滋賀県などでは一年中くらし、繁殖するものもいる。

▼水路で巣づくりをして卵をだくカンムリカイツブリ。まわりのヨシが成長すると、巣は天敵の目から見えなくなる。

第2章 水辺の鳥の子育て

▲ヨシ原近くを泳ぐカイツブリ親子。危険を感じたとき、すぐにヨシ原ににげこめる。

▶カイツブリの親鳥は、生まれたばかりで泳ぐ力の弱いヒナを背中に背負って移動する。

水上の巣の危険

水上の巣にはどんな危険があるでしょう。野鳥をおそうイタチなどは泳げないわけではありませんが、泳いでまで巣をおそうことはほとんどありません。上空から巣をねらうワシ、タカやカラスは、泳ぐことができないので、深い水辺につくられた巣には近づくことができません。

ところが、水辺には水位の変化があります。とくに繁殖の時期は梅雨期と重なり、大雨による増水の影響を受けます。多少の増水は巣材を積みあげればのりこえられますが、一気に増水した場合、巣が水中にしずんでこわれてしまいます。

巣立ったヒナの成長

バンやオオバンのヒナは、ふ化したときからからだが羽毛におおわれているので、すぐに泳ぐことができます。親鳥はヒナが巣立つと水際の草かげにさそい、外敵から姿をかくします。カイツブリは背中にヒナを背負い、ヘビなどの

◀オオバンの親子。生まれたばかりのヒナは羽毛が黒色だが、成長すると灰色に変わる。

▲危険を感じて草かげにかくれるバンの幼鳥。

▲ヒナのえさにアメリカザリガニをとらえたカイツブリの親鳥。

▲シマヘビ。泳ぎのじょうずなヘビは、水鳥たちにとっておそろしい天敵。

▲水際の草原や岩かげにかくれながら、水鳥をねらうチョウセンイタチ。

外敵からヒナをまもります。外敵は水中にもいて、外来魚のオオクチバス（ブラックバス）はヒナをおそって食べてしまうことがあります。親鳥はひとときも気が休まることがありません。

6月下旬ころから、水辺の開けたところでは、カイツブリやオオバンの親子が見られるようになります。それまで敵の目につかないように、ヨシのかげなどで育てられていたヒナが大きくなり、泳ぎも潜水も上達して自由に動きまわれるようになったからです。

それでも、まだえさをとることはむずかしく、親からえさをもらう姿が見られます。食欲がお盛なヒナを育てるため、親は日に何度も水中にもぐり、えさとりをしなければなりません。そんなときは動きの速い魚をとらえるよりも、動きのおそいアメリカザリガニやウシガエルのオタマジャクシなどをとらえることが多くなります。

カイツブリのヒナは、「ピーピーピーピー」とえさをねだり、オオバンのヒナは、「キュイーキュイー」と大声で鳴きながらえさをねだります。

ヒナが自分でえさをとれるようになり、親からはなれて行動するようになると、「ヒナ」から「幼鳥」へとよび方が変わります。

＜もっと知りたい＞　タンチョウの巣づくりと子育て

北海道東部にひろがる湿原にくらすタンチョウは留鳥です。夫婦のきずなは強く、どちらかが死ぬまで一生ともにくらします。

早春のころ、湿原の浅瀬に草や木の枝などを積みあげて、高さ30～40cm、直径150cmもある皿状の巣をつくり、卵を1～2個産みます。ふ化したヒナは夫婦で育てます。えさは小魚やエビ、カエル、貝などで、ほかに湿原の植物の芽や茎なども食べる雑食性の鳥です。大きく育った幼鳥は、しばらくの間、親鳥といっしょにくらします。その年生まれの幼鳥は、首から頭部にかけて茶色いので、容易に区別がつきます。

▶湿地帯の草原ですごすタンチョウの親子。

▶雪の上のタンチョウ親子。その年生まれた幼鳥は首から上が茶色。

第2章 水辺の鳥の子育て

水辺のヨシ原で巣づくり

今まで見てきた鳥のように、水中にすむ生き物や植物をえさにするわけではありませんが、ヨシ原を利用して巣をつくる鳥がいます。どんな鳥でしょうか。

水辺のタカの仲間

冬のヨシ原にチュウヒが渡ってきます。多くは冬鳥ですが、いくつかの地域では繁殖をして、一年中日本でくらすチュウヒがいます。いっぱんにタカの仲間は、高山の断がいや深山の樹上に巣をつくりますが、チュウヒは3月の中旬ころ、バン（➡22ページ）のようにヨシの根もとに巣材をからませながら、バンの巣の3倍もある大きな巣をつくります。

▲巣材を運んで飛ぶチュウヒ。特徴は翼をV字にして飛ぶ姿。全長はオス48cm、メス58cm、翼開長113～137cm。

▲チュウヒの卵。
◀広大なヨシ原の中にヨシや細い木の枝を積みあげて巣をつくるチュウヒ。

チュウヒのえさはノネズミやカエルなどで、ヨシ原を低く飛びながら探します。水辺でよく見られるタカの仲間にはトビがいますが、チュウヒは翼をV字に開いたまま滑空するので、飛び方からトビと見わけられます。

▶翼を水平にして滑空するトビ。全長はオス59cm、メス69cm、翼開長157～162cm。
◀巣で育つチュウヒのヒナ。

オオヨシキリの巣

オオヨシキリはヨシの茎を2〜3本利用して巣をつくります。カイツブリやバンのように水際につくるわけではなく、水面から150cmほどの高さのところに巣をつくります。

オオヨシキリは1羽のオスがなわばり内で数羽のメスと結婚するので、それほど広くないヨシ原でも、複数の巣を見ることがあります。オオヨシキリは、外見からオスとメスの見わけはできませんが、大声でさえずるのはオスだけなので、鳴いているのはすべてオスということになります。オオヨシキリの子育てはメスだけがおこない、7月中旬になるとほぼおわり、にぎやかだったヨシ原に静けさがもどります。

▶おわん形の巣にしずみこむようにして卵をだくオオヨシキリのメス。

▼稲株を利用して巣をつくり、卵をだくヒクイナ。この時期、田んぼにはあまり人が入らないので安心して子育てができる。

▲ヒナのようすを見るオオヨシキリのオスとメス。

稲株を利用する鳥

昔の人が「戸をたたく音」と表現していた鳴き声の持ち主、ヒクイナは水田の稲株などを利用して巣づくりをします。

ヒクイナがなわばりを主張する鳴き声を口笛でまねしてみると、ライバルがきたとかんちがいして、口笛の鳴き声に応戦するように鳴きかえしてきます。

27

地面で巣づくりをする水辺の鳥

やぶや草むらにかくされた場所ではなく、開けた地面でどうどうと巣づくりをする鳥たちがいます。どんな鳥でしょう。

開けた場所での身のまもり方

コチドリ、シロチドリなどは、小石の多い川原や中州、石ころが露出した開発中の荒れ地に巣をつくります。ひとまわり大きなケリは、田んぼのあぜなどで巣づくりをします。

なぜ、けものなどの天敵からねらわれやすい場所で巣づくりをするのでしょう。じつは、けものたち自身も警かい心が強いので、開けた場所をきらいます。そのため、かえってこのような場所のほうが安全なのかもしれません。

それでも上空からは、タカの仲間やカラスなどが巣をねらっています。タカの仲間はよく見える目でえものをさがすことができますが、地面で巣をつくる鳥たちは、その目をあざむく

▲石ころの多い荒れ地で卵をだくコチドリ。
▶砂礫の中では、めだたないコチドリの卵。
▼身をふせて地面の色にとけこむコチドリのヒナ。

術をもっています。まず、卵が地面とそっくりな色や模様をしています。そのうえ、ふ化したヒナも地面と同じ色をしているので、身をふせ、じっと動かなければ身をまもることができます。

敵をあざむくほかの方法

ケリやチドリは、オスとメスが交替しながら卵をだきます。交替するとき、右にちょこちょこと進んでは止まり、左にちょこちょこと進んでは止まり、また右に、左にといった具合に巣

▲砂地で卵をだくシロチドリ。留鳥、一部で夏鳥。全長17㎝。コチドリににているが目のまわりに黄色のリングがない。

上空からねらうタカの仲間。

▶早春、田起こし前の田んぼで簡単な巣をつくり、卵を産んだケリ。全長36cm、留鳥。

へもどります。こうすることで、どこかで見ているかもしれない敵をかく乱しているのです。これこそまさしく「千鳥足」です。ただし、その動きはとても敏しょうで、お酒によった人の「千鳥足」とはちがっています。

また、「擬傷」といって、ケリやチドリの親鳥には、自分が「けが」をしたふりをして敵を引きつけ、巣から遠ざける技があります。敵を引きつけては巣からはなれ、また引きつけては、さらにはなれることをくりかえし、巣やヒナをまもります。

開けた場所に巣づくりをする鳥たちのヒナは、卵からふ化してからだがかわくと、すぐに歩きだします。長い間、巣にとどまるよりは、移動しながら草かげにかくれるなどするほうが、安全なことを知っているようです。

▲ケリのヒナ。からだの色はまわりとにた保護色で、危険を感じると身をふせてじっと動かない。

▶翼が傷ついたようなしぐさを見せて、敵をあざむくケリの擬傷行動。

29

第2章 水辺の鳥の子育て

樹上で巣づくりをする水辺の鳥

鳥たちが集団で巣づくりをしている場所をコロニーといいます。コロニーをつくる鳥たちはどんな子育てをしているのでしょうか。

▶巣づくりのための材料を運ぶカワウ。首をのばして飛ぶ。全長82cm、留鳥。

▼巣のヒナにえさをあたえるカワウの親。

飛ぶ姿を観察するチャンス

山間部のダム湖から都市部の水辺まで幅広く生息するカワウや、水田でよく見かけるサギの仲間は、コロニーをきずき、樹上や竹林で巣づくりをします。数多くの鳥が集まっているので、少しはなれた場所から見ても、コロニーがあることに気づきます。

コロニー近くでは、巣材運びやえさ運びで、からだの大きな鳥たちが何度もコロニーを行き来します。そのため、ふだんはあっという間に頭上を通りすぎてしまう鳥たちの姿を、何度も見ることができます。飛びたち方や、飛んでいるときの首のようす、着地のときのあしの使い方、翼にどのように羽がならんでいるかなどを、じっくり観察できるチャンスです。

▼ハンノキの大木にたくさんの巣がつくられたカワウのコロニー。巣材は細い枝や水草の茎や根。

▲巣づくりの材料をくわえて運ぶダイサギ。首をちぢめてあしをのばして飛ぶ。全長80〜100cm。シラサギの中でいちばん大きい。留鳥。

▶たくさんの巣がつくられたサギのコロニー。ダイサギやアオサギの巣が入りまじっている。

ヒナへのえさやり

コロニーは、「グワ、グワ、グワ」と親鳥がなわばりあらそいをしていたり、「ピュイーピュイー」とヒナがえさをほしがったりしていて、一日中とてもにぎやかです。ヒナは首をのばし、親鳥のくちばしをつつくようにしてえさをねだります。親鳥はとってきた魚をそのままヒナにあたえるのではなく、のみこんだ魚をはきもどすようにしてあたえます。ヒナたちは"きょうだい"と競い合うようにして、親鳥が大きく開けた口の中に、頭をつっこんでえさを受けとります。

水辺の樹洞で子育て

山間部の湖や池、渓流では、水際にせりだしたやぶのかげにかくれるように、オシドリがくらしていることがあります。オシドリの巣はその周辺にある樹木の洞につくられます。

「おしどり夫婦」とは仲のよい夫婦をたとえる言葉ですが、実際のオシドリはメスだけが子育てをします。オスはメスが巣づくりをおえると、ヒナの誕生を待たずに別の場所へ行ってしまいます。オシドリをふくむカモの仲間のカップルは、仲がよいように見えますが、オスは毎年結婚相手を変えているのです。

◀木の枝にとまるオシドリ。全長45cm、留鳥または漂鳥、一部で冬鳥。カモの仲間で木の枝で休息するのは、山あいの水辺にくらすオシドリだけ。

巣立つときのオシドリのヒナは、樹洞から地面や水面に向かって飛び下りる。

第2章 水辺の鳥の子育て

がけに巣穴をほって子育て

土の中の巣で子育てをする鳥がいます。ヤマセミやカワセミです。どこに、どんな巣をつくり、どのように子育てをするのでしょう。

巣づくりのはじまり

ヤマセミは山あいの水のきれいな川にくらし、カワセミは川の上流から下流、まちに流れる川や池でもくらしています。

ヤマセミやカワセミの巣は、山の中のくずれたがけや、洪水でえぐられ土がむきだしになった川の土手などにつくられます。巣づくりは早ければ3月初旬からはじまります。

冬の間、オスとメスはそれぞれ単独でなわばりをもっていて水辺を移動していますが、春に繁殖の時期をむかえると鳴きかわしながら、追いかけあいをする姿が見られるようになります。追いかけあいは、オスどうしのなわばりあらそいだったり、結婚相手にプロポーズしたりするための行動です。

オスはメスに魚をプレゼントしながら求愛します。「求愛給餌」という行動です。メスがそのプレゼントを受けとるとカップルが成立、巣づくりがはじまります。

2週間かけて巣穴ほり

足場のないがけでの巣穴ほりはかなりの重労働です。まず、近くの木の枝にとまり、そこからがけに向かってくちばしの先で体当たりをしていきます。そのうちに小さなくぼみができると、そこを足場にして穴ほりを本格的に進めていきます。

▶水辺のくいにとまり、魚の動きを目でおいながら、ねらいをつけるカワセミのメス。メスは下のくちばしが赤い。

▼カワムツをとらえて飛びだすカワセミ。水中に飛びこみ一瞬でカワムツをとらえる。

▲がけにほられたカワセミの巣穴。直径7cm。奥行80cmほど。巣穴は垂直ながけにほるので、けものからねらわれることはないが、がけにでこぼこがあるとヘビがやってくるので油断できない。

▲オス（左）がメス（右）に魚をプレゼントするヤマセミの求愛給餌。メスの羽の裏側は朱色。

▲ヤマセミの巣づくり。小さなあしで砂をかきだす。穴ほり中のトンネルはせまくてUターンできないので、お尻からでてくる。

▲くちばしにどろをつけたヤマセミ。奥に卵をだく場所（産座）ができるとUターンが可能になる。頭からでてきたことで、巣の完成が近いことがわかる。

巣づくりはトンネルほりと同じで、穴ほりが進むにつれて、穴の中の土を外にかきだすことに苦労します。ヤマセミやカワセミが土をかきだすときに使うのは小さなあしです。くちばしでほり進んでは、小さなあしでかきだすことをくりかえし、ヤマセミは2週間ほどかけて奥行150cmの巣穴を完成させます。

巣穴ほりは、おもにオスの仕事です。メスはときどき巣穴に出入りしながら、巣のでき具合をさぐっています。巣が完成するころにはメスのおなかには卵ができていて、はげしい運動をしなくなるようです。

えさやりとヒナの成長

ヤマセミやカワセミの親鳥は、水中にダイビングして魚をとらえ、巣で待つヒナに運びます。水中を自由にすばやく泳ぐ魚をとらえるのですから、えさとりは簡単ではありません。

巣穴で育ったヒナは、巣立ち間近になると巣穴から顔をだすようになります。今まで真っ暗な穴の中で育っていたヒナにとって、はじめて見る外の景色はどう見えているのでしょう。せまい巣穴の中では、羽ばたきの練習もできていないはずですが、ヒナは巣穴から飛びだした瞬間から、しっかりとした飛ぶ力をもっています。

◀水際のがけにつくられたヤマセミの巣。巣の中で待つヒナたちにえさを運ぶ。

▼巣立ったヒナと親鳥（右はし）。ヤマセミのヒナはふ化から1か月ほどで巣立つ。

海辺にくらす鳥たちの繁殖地

同じ水辺の鳥でも、海岸付近で子育てをするものがいます。どんな鳥がいるのでしょうか。

群れで子育て

海岸付近でくらす鳥たちは、海や海岸で魚などをとってくらしています。代表的な鳥には、群れで行動するウミネコやオオセグロカモメ、ウミウなどがいます。これらの鳥は人が近づくことのできない断崖の岩場にコロニーをつくり、そこで巣をつくって子育てをしています。

夏になるとコアジサシがやってきて砂浜や干拓地にコロニーをつくります。コロニーでは、だれかが天敵に気がつくと、すぐにコロニー全体に危険が知らされます。攻撃的なコアジサシは、集団で敵を追いかけてコロニーの外へ追いだします。コアジサシは海岸にかぎらず、内陸部の石ころだらけの川原や、水辺近くの広い造成地などでコロニーをつくることもあります。

▲小石まじりの川原で卵をだくコアジサシ。

▲コアジサシの親子、ふ化したヒナに魚を運ぶ。
▶草かげで身をふせるコアジサシのヒナ。砂とにた保護色で敵の目をごまかす。

▲沿岸の大きな岩礁につくられたオオセグロカモメのコロニー。たくさんの巣があるコロニーは、けわしくて人が近づけない場所につくられている。
▶卵をだくオオセグロカモメ。北海道、東北地方北部では留鳥、東北地方南部より南では冬鳥。全長62cm、翼開長141cm。

▲海岸の岩場で休むウミウ。手前はウミネコ。ウミウは留鳥で、全長84㎝。海にもぐったあと、ウミウは翼をひろげてかわかす。

◀海岸沿いで群れるウミネコ。「ミャー」とネコのような声で鳴く。ウミネコは留鳥、一部で漂鳥。全長47㎝、翼開長120㎝。

岩のすき間で子育て

海辺の磯で見られるイソヒヨドリは、オスのからだは青藍色と赤褐色のコントラストがめだちますが、メスは地味な色でめだちません。磯や砂浜などにいる昆虫やトカゲなどの小動物をえさにしています。繁殖期にはオスは美しい声で鳴いてなわばりをもち、磯にできた岩の割れ目などに巣をつくります。最近では内陸の都市部にも入りこみ、ビルの屋上でさえずり、ビルのすき間などを利用して繁殖するイソヒヨドリもふえてきました。

カワウとウミウの区別

カワウ

白い部分は、目の後ろからまっすぐのびる。くちばし基部の黄色い部分はとがらない。

ウミウ

白い部分は、目の後ろからななめにあがる。くちばし基部の黄色い部分がとがる。

▲海岸付近の樹木にとまるイソヒヨドリのメス。海岸の岩の割れ目に巣をつくる。

◀海岸付近の岩場でさえずるイソヒヨドリのオス。からだの上部が青藍色、下部は赤褐色でめだち、「ヒーリーリー」と美しい声で鳴く。留鳥で全長25㎝。

35

コラム

滝の裏側で子育てをするカワガラス

　流れの速い清流で、器用に潜水してカワゲラやトビケラなどの水生昆虫の幼虫をとらえる鳥にカワガラスがいます。名前にカラスがつきますが、カラスの仲間ではありません。

　カワガラスは少し変わった場所に巣をつくります。それは水の流れ落ちる滝の裏側であったり、山地の洪水止めにつくられたダムの水ぬき穴だったりします。どちらも巣の前面には水が流れ落ちていて、巣材運びや子育てのためのえさ運びのたびに、水のかべに突入していかなくてはなりません。流れの速い川で、寒い日も暑い日もえさとりのために潜水をくりかえしているうえに、巣づくりもそんな場所でするのですから、よほど水がすきなのでしょう。

　カワガラスは日本にくらす鳥の中でも、巣づくりをする時期がとても早く、雪がまう2月初旬から巣づくりをはじめることがあります。

▶巣づくりの材料に岩や石についたコケを集める。

▼ヒナに運ぶため、たくさんの水生昆虫をとらえた。

▼滝の裏側につくった巣にもどるために、滝に突入する。

第3章
水辺の鳥の食べ物

アメリカザリガニを丸のみにするダイサギ（留鳥、夏鳥）。

水辺にくらす植物食の鳥

水辺にくらす鳥の中で、植物を主食にする鳥には、どんな仲間がいるでしょう。また、どんな植物を、どのように食べているのでしょう。

水中や水辺の植物を食べる

カモの仲間の中で、カルガモやマガモ、コガモなどは、おもに水草を食べています。ハクチョウも水草の茎や根を食べています。えさにしている水草は、水辺に生えるマコモや水中に生えるクロモやオオカナダモなどです。水辺の植物のほかに、陸にあがって稲刈り後の落ち穂を食べたり、あぜに生えるイネ科の種子を食べたりもします。

▲水田で雑草などを食べるカルガモ。

▶ゆるやかな流れの中で、逆立ちしながら川底の藻を食べるカルガモ。

えさとりと水位の影響

ヒドリガモやオナガガモも植物食のカモの仲間です。水上で逆立ちをしながら首をのばして、とどく範囲の水草を食べています。水中に深くもぐることは苦手なので、降雨や降雪が多く水位が高くなると、水中に生えている水草まで首がとどきません。そうなるとえさをとることができなくなり、植物食の水鳥たちは水位の低い水辺をさがして移動します。

いっぽう、水位が高くなっても、水中にもぐることが得意なキンクロハジロやホシハジロはえさをとることができます。そのため水位の高い水辺では、潜水が得意な水鳥が多く見られます。

▲水際に生えたガマの茎と根を食べるコハクチョウ。

▲逆立ちしながら水中に首をのばして、水草を食べるコハクチョウ。お尻だけが水上に見える。

▲陸にあがり、田んぼで刈りとり後に生えてみのった穂（二番穂）を食べるコハクチョウ。

▲川岸の斜面で草を食べるヒドリガモのカップル。右がオス、全長49cm。

▲水たまりやどろの中から、植物の種子をこしとって食べるオナガガモ。右がオスで全長75cm、左のメスは全長53cm。

便利なカモのくちばし

　植物食のカモが湖や池の岸にあがり、顔を左右にふりながら、水たまりやどろにくちばしをおしあてるようにして、こまかく動かしていることがあります。どろを食べているようにしか見えないのですが、これも食事です。

　そこには、スズメノカタビラなどの小さなイネ科の植物が生えていたりします。カモたちは地面に落ちたイネ科の植物の小さな種子を食べていたのです。

　カモのくちばしのふちには、クシのような突起がついています。水草や小さな種子を水といっしょにすいこみ、水だけを突起のすき間から外へだし、口の内側にのこった固形物だけを食べることができるのです。

　水面で変わった食事方法を見せてくれるのがハシビロガモです。ハシビロガモの「ハシ」とは、くちばしのことです。その名の通り幅広で、ヘラ状のくちばしは、うかんでいるものをすくいとるには、もってこいの形をしています。群れ全体で、水面をぐるぐるとまわりながら食事するようすは、ハシビロガモ独特の食事風景です。水面にうかぶ植物のかけらやプランクトンをこしとりながら食べています。

▲群れで水面をかきまわしながら、えさをうきあがらせて食べるハシビロガモ。

**えさをこしとることができる
ハシビロガモのくちばし**

くちばしのふちにくしのような突起がある。

▲ハシビロガモのオス。ヘラ状のくちばしが独特。全長50cm、冬鳥。

水辺にくらす動物食の鳥

水辺にくらす鳥の中で、動物を主食にする鳥には、どんな仲間がいるでしょう。また、どんな動物を、どのようにとらえて食べているのでしょう。

水中にもぐってえさをとる鳥

　水中にもぐってえさをとる鳥には、カイツブリ、オオバン、カワウ、ヤマセミ、カワセミ、カワガラスなどがいます。カモの仲間で水中にもぐりえさをとるのは、キンクロハジロやホシハジロなどです。

　カイツブリやバン、オオバンやカモの仲間は、流れのゆるい水辺をこのみ、湖や池、そのまわりの水路でくらしています。このような環境には、オオクチバスやブルーギルの幼魚、フナやコイの幼魚、アメリカザリガニや小さなスジエビなどがくらしていて、これらが主食になります。

　オオバンは、潜水してザリガニをとらえていたかと思えば、今度は水草を食べるといった、雑食性の鳥でもあります。

　秋に日本へやってくる冬鳥のユリカモメも本来は動物食です。主食は魚などですが、最近ではあちこちで、パンやおかしでえづけされている姿を見かけます。ユリカモメをふくむカモメの仲間も雑食性といえます。

▲魚をとらえたオオバン。

▶逆立ちして水中のえさをさがすオオバン。

◀ヒナのためにザリガニをとらえたカイツブリの親。

▼枯れたヨシを食べるオオバン。

▲春、北国に帰る途中、水田に下りたユリカモメ。代かきがはじまった田んぼには、ミミズやカエルなどえさになる生き物がいる。

▶ハスの葉の上を歩くバンの幼鳥。長く大きなあし指で体重をささえるので、しずまない。

水鳥のからだの工夫

　バンやオオバンは大きなハスの葉にのり、ハスの花にやってくる昆虫を食べたりします。水にうかぶハスの葉の上をしずまずに歩けるのは、あしの指にひみつがあります。からだの割にあし指が長く、体重を葉の上に分散できるのです。

　また、全長が80cmをこえる大型のカワウは大食漢で、大きなオオクチバスなども、ぺろりとのみこんでしまいます。ふつう、水鳥たちの羽毛は防水性が高く、羽づくろいをしながら、お尻のそばの尾脂腺からでる油脂分を羽毛にぬりつけ防水性を保っています。ところがカワウの羽毛は油脂分が少なく、水がしみこみやすいしくみになっています。そのため浮力が小さくなり、大きなからだでも楽に水中にもぐることができるのです。さらに潜水するときには、1分もの間、水中で魚を追いかけることができます。

　水からあがったカワウが、川の中州や水面につきでたくいの上で、翼をひろげている姿を見ることがあります。水がしみこみやすいカワウの羽毛は、こうしてかわかさないと、羽が重くなりうまく飛ぶことができません。

▶水面を泳ぐカワウ。ハクチョウのようにからだ全体が水面上にうくことはなく、大部分がしずみ、長い首だけが水上にでる。

▼カワウは長い時間水にもぐると、翼をひろげてかわかしながら休息する。

第3章 水辺の鳥の食べ物

ダイビングで魚とり

　動物食のヤマセミやカワセミの主食は魚です。警かい心の強いヤマセミは、水のきれいな川の中流部から上流部にくらしています。全長40cm近くのからだで水中にダイビングして、20cmもある魚をとらえて食べます。

　それにひきかえ、カワセミは全長が17cmほどと小さく、5cmほどの魚しか食べられません。しかし、からだの小さなカワセミは、こまわりをきかせて川の上流から下流、池、水路など、広い範囲でくらしています。

　ヤマセミやカワセミは、魚をとらえると、木の枝や川の岩場に運び、首を左右にふりながら、枝や岩に打ちつけます。魚のあらいうろこを落とし、骨をくだき、やわらかくしてのみこむのです。ザリガニをとらえたときには、ハサミや頭がとれるまでたたきつけ、尾の部分だけを丸のみにします。

　ヤマセミやカワセミは、消化できなかった骨やからなどを、かたまりにして口からはきだします。これをペリット（ペレット）とよび、その骨やからを調べることで、何を食べているかがわかります。

サギ類のえものとり作戦

　川や水路、水田などでカエルや魚、ザリガニを食べるサギの仲間も動物食です。サギは岸辺でじっと待ちぶせし、近づく魚をとらえることもあれば、川遊びの子どもたちが、アミに魚を追いこむように、あしを細かくふるわせながら、草かげにひそむえものを追いだしてとらえることもあります。

▲水辺の木の枝から魚を見つけてダイビングするヤマセミ。魚をねらうヤマセミやカワセミのくちばしは、水の抵抗がないように細長い形をしている。

▼カワムツをとらえ、水上に飛びだすヤマセミ。眼には水中眼鏡の役目をする乳白色の瞬膜があり、水中で眼を保護する。

▲とらえたフナをくちばしにくわえて強くはさみつけたり、枝にたたきつけたりして食べやすいようにやわらかくして、うろこがのどに引っかからないように頭からのみこむ。

▲ヤマセミのはきだした未消化物のペリット。ペリットを調べると何を食べているかがわかる。

　また、田起こしや代かきの時期の田んぼでは、サギがトラクターの後ろをついて歩き、ほりかえされた土の中からでてくるカエルやミミズをとらえる姿が見られます。そして、稲刈りの時期には、稲穂の間から飛びだしてくるバッタなどの昆虫をとらえて食べています。
　サギの仲間はみんな長くするどいくちばしをもっています。この形は水の抵抗が少なく、瞬時に魚をとらえることに向いています。

水辺の昆虫食の鳥

　ヨシ原でくらすオオヨシキリ（➡27ページ）の場合は、水中の生き物を食べるわけではなく、ヨシのまわりや周辺のヤナギの木などにひそむ昆虫をえさにしています。このような昆虫食の鳥も動物食の鳥です。
　このほか清流にくらすカワガラス（➡36ページ）も水生昆虫や小魚を食べる動物食の鳥といえます。

▲秋の田んぼにとりのこされたドジョウをとらえたチュウサギ。

▲田んぼを耕うん中のトラクターのあとについて歩き、土から飛びだしたカエルやミミズなどをとって食べるアマサギ。

▲田植え後の田んぼで、カエルやオタマジャクシをさがすゴイサギ。本州以南で留鳥、北海道では夏鳥。全長58㎝。

▲ブルーギルをつかまえたアオサギ。留鳥、北海道では夏鳥。全長93㎝。

▲川岸で待ちぶせしてコアユをつかまえたダイサギ。

▲あしで水草などをさぐり、えものを追いだすコサギ。

コラム

集団で子育てをする水鳥と人間とのトラブル

近年、人の居住地域近くでコロニーをつくって子育てをするカワウやサギがいることで、さまざまな問題が生じています。

カワウやサギの仲間は魚が主食で、巣で待つヒナに魚を運びます。ヒナたちは大量の魚を食べ、大量のふんを巣の下に落とします。このふんが生ぐさいにおいを放つだけでなく、下草や木ぎを枯らしてしまうことがあります。

そのため住宅地などでは、カワウやサギが巣をつくることができないように、巣のあった大木を伐採したり、大きな音をだして追いだしたりして、被害をふせぐ対策がとられています。それでもカワウやサギは巣の場所を変えるだけで、またどこかで繁殖します。ふたたび人の居住地域でコロニーをつくれば、同じ問題が生じます。

琵琶湖にくらすカワウの場合は、琵琶湖の水産資源であるフナやアユを大量に食べてしまうため、漁業関係者との間で問題も生まれています。しかし、カワウは、フナやアユを食べる外来魚のオオクチバスを食べてくれたりもするので、まったくの悪者あつかいするのは、かわいそうな気がします。なんとか知恵をだして共存できる方法を見つけていかなければなりません。

▲魚をとるためのしかけ（えり）に集まったカワウ。人間がとる前にカワウがとってしまい、漁業に大きな被害をあたえている。

▶カワウの巣から放出されたヒナのふんで、地面付近のシュロの葉が白くよごれて悪臭がする。

◀人家のそばにあるカワウやサギのコロニー。

第4章
身近な水辺の鳥の観察

琵琶湖で羽を休めるコハクチョウとカモたち（冬鳥）。

サギの仲間を見わけよう

水田地帯や川の土手を歩いていると、水辺にサギの仲間が集まっているのをよく見かけます。白色のサギをすべてシラサギといってしまいがちですが、いくつかの種類にわけられます。ちがいを知って見わけましょう。

身近なシラサギは4種類

からだが青灰色のアオサギとゴイサギは、白色のサギと種類がちがうことがすぐにわかります。でも、白色のサギはよくにています。白色のサギには「コサギ」「チュウサギ」「ダイサギ」「アマサギ」がいて、前の3種は小、中、大の名前からもわかるように、からだの大きさがちがいます。ところが、3種がいつも背くらべをするようにならんでいるわけではありません。それぞれが単独でいるときも見わけられるように、それぞれの特徴を見ていきましょう。

コサギの特徴

コサギは一年中日本で見られる留鳥です。コサギのいちばんの特徴はあし指が黄色いということです。シラサギが歩く姿を見かけたら、あし指の色に注目です。初夏の繁殖期には、コサ

▲コサギ。あし指が黄色で、くちばしが一年中黒い。初夏の繁殖期になると、頭から長い冠羽がのびる。

▲繁殖期のコサギ。あし指と目の先がピンクがかる。

ギの頭部からは細長い冠羽がでることも特徴のひとつです。ただし、コサギは繁殖期の真っ盛りのころ、ほんの1か月ほどの間、あし指がピンクになります。このとき、目とくちばしの間もピンクに変化し、いつもとちがうおしゃれなコサギが見られます。

また、コサギは成鳥になる前の若鳥の時期、あし指は緑色です。そのため、夏に成鳥と若鳥がまじって集まっている場所では、あし指の色に注目すると、成鳥か今年巣立った若鳥かを見わけることができます。

▲繁殖期のチュウサギ。胸や背中にかざり羽がのび、くちばし全体が黒色になる。目が黄色から朱色に変わる。

▲繁殖期がおわった秋のチュウサギ。くちばしは先のほうだけが黒くなる。胸のかざり羽はなくなる。

4種類のシラサギのちがい

外見 鳥の名前	全長 (cm)	くちばしの色 夏	くちばしの色 冬	目の先の皮ふの色 夏	目の先の皮ふの色 冬	あしの色
ダイサギ	80〜100	黒色	黄色	青緑色	黄緑色	黒褐色
チュウサギ	69	黒色	黄色で先が黒い	黄色	淡黄色	黒色
コサギ	61	黒色	黒色	ピンク	黄緑色	黒色であし指だけ黄色
アマサギ	51	黄橙色	黄色	黄橙色	黄色	黒褐色

▲夏のおわり、川をさかのぼるコアユをねらうアオサギ（左）、ダイサギ（中央）、コサギ（右）。

チュウサギ、ダイサギの特徴

　チュウサギは夏鳥なので冬に見かけることはありません。チュウサギの特徴は短いくちばしです。コサギよりもからだは大きいのですが、くちばしはコサギより短く、繁殖期に目が黄色から朱色になるのが特徴です。流れのある水辺にはほとんど姿を見せることはなく、水田や池の浅瀬でえさをとります。

　いっぽう、ダイサギは留鳥で、首がくねるように長く、くちばしも長くて大きいのが特徴です。冬にはくちばしが黄色、初夏の繁殖期には黒く変色します。繁殖期にくちばしと目の間が青緑色になるのも特徴のひとつです。

▶繁殖期のダイサギ。くちばしが黒く目先が青緑色。
▼冬のダイサギ。くちばし全体が黄色。

黄橙色がめだつアマサギ

　アマサギは夏鳥で、初夏の繁殖期には、頭から背にかけて黄橙色の部分があるので、すぐに見わけがつきます。しかし、渡ってきた当初は冬羽のままで、まだ白いからだのものがいて、からだの大きさが近いコサギと一見にています。ところがよく見るとくちばしが黄色なので、黒いくちばしのコサギとは見わけられます。

◀左、夏鳥として日本にやってきたアマサギ。繁殖期には頭から胸にかけての羽毛が黄橙色となる。右、冬羽から夏羽にかわる途中のアマサギ。夏の繁殖がおわると、秋から春までは白色。

47

カモの仲間の2タイプを観察しよう

水にういているカモたちはからだが大きく、警かい心もそれほど強くないので、双眼鏡の使い方の練習をかねた野鳥観察入門にぴったりです。

▲ヒドリガモのペア。左がオス、右がメス。メスのほうは色が地味。

◀逆立ちしてえさをとるヒドリガモのオス（右）とメス（左）。

めだつ色と地味な色の2タイプ

一年中日本でくらすカルガモをのぞけば、カモのからだの色はオスとメスでちがいます。オスはめだつ色のものが多く、メスは地味な色をしています。オスは種類によってからだの色がちがっているので、見わけることはそうむずかしくはありません。しかし、メスのからだの色は種類がちがっていても、にているものが多く、初心者には見わけがむずかしくなります。そこで見わけるときのヒントになるのが、オスのそばにいる地味な色をしたカモの行動です。カモは同じ種類がそばに寄りそい、いっしょに行動するので、オスのカモのそばをメスが泳いだり、メスのカモのあとをオスが追いかけたりします。そのようすでメスの種類を予想しながら、じっくり見わけてみましょう。

えさのとり方の2タイプ

えさのとり方には大きくわけてふたつあります。ひとつはホシハジロやキンクロハジロのように、からだ全体を水中にもぐらせてえさをとる潜水タイプ。もうひとつはオナガガモやヒドリガモのように、逆立ちしたり、首だけを水中につっこんだりしてえさをとるタイプです。潜水タイプは、おもに水底の水草や貝を食べるカモの仲間、もうひとつは、おもに水面近くの水草を食べるカモの仲間です。ふだんは潜水をしないタイプのカモも、上空からタカの仲間がおそってくると、いっせいに水にもぐります。

▲オナガガモのペア。尾が長いのがオス、メスは茶色く地味な色。

▲オナガガモの飛びたち。助走なしでその場から飛びあがることができる。

▲水鳥たちは向かい風を利用して飛びたつため、飛びたつ前はいっせいに風上を向く。

飛びたち方の2タイプ

　カモたちの飛びたち方にも、ふたつのタイプがあります。飛びたつ前に助走をするタイプと、その場からすぐに飛びたつタイプです。このタイプのちがいは翼の形とあしのつき方にあります。潜水を得意とするカモたちは、水中を泳ぎやすいよう翼の幅が細く、水の抵抗を小さくするため、水かきのあるあしがからだの後方についています。そのため飛びたつときには助走が必要です。いっぽう、浅瀬で水草をとるタイプのカモは、翼の幅が広くてあしがからだの中心にあり、その場から羽ばたいて飛びたつことができます。こちらは地上を歩くこともでき、田んぼで落ち穂などを食べる姿が見られます。

▼ホシハジロのメス。飛びたつには助走が必要なので、水面の広い湖や池に多く見られる。

カモ類のえさのとり方と飛びたち方

ホシハジロ
飛びたつときは助走が必要。

その場で羽ばたいて飛びたつことができる。

オナガガモ
（陸上の草を食べる）

キンクロハジロ
（潜水してえさをとる）

（潜水してえさをとる）

（水面にうかびながら水中の植物を食べる）

見わけに迷うカモの観察

秋のはじめ、カモたちが水辺にやってきたばかりのころ、からだの色があいまいで、見わけに迷うカモに出会います。なぜ色があいまいなのでしょうか。

生えかわる羽

　色があいまいな理由は、羽の生えかわり、「換羽」にあります。換羽にはヒナから幼鳥へ、幼鳥から成鳥へと成長する生えかわりもありますが、成鳥の場合、夏羽（生殖羽）と冬羽（非生殖羽）の生えかわりがあります。生殖羽は繁殖期に入ったときの羽で、秋に渡ってくるカモの場合はオスが特徴的な色合いになり、見わけが容易です。

　カモは、冬の間にペアを組みはじめることから、日本にいる冬の間に夏羽になります。そして、北国に帰り夏に繁殖をおえると冬羽になります。オスの冬羽を「エクリプス」と表現します。エクリプスとは「かがやきが消える」という意味です。生殖羽のオスの羽はかがやいてめだちますが、エクリプスになるとメスににた羽色に変わるため、見わけるのがむずかしくなります。

▲オナガガモ、オスのエクリプス。くちばしの側面が青灰色なのでオスとわかる。

カモの仲間の換羽

　ハクチョウの換羽は、夏に1回だけですが、カモたちは1年のうちに夏と冬、2回換羽をします。繁殖がおわる6月ころ、風切羽がいっせいにぬけて、冬羽（非生殖羽）に変わります。カラスやスズメなど多くの鳥は左右の翼から1～2本ずつ順番にぬけかわるので、飛ぶことに影響はありません。しかし、カモの場合はいっせいにぬけかわるので、この時期は、1か月ほど飛べなくなってしまいます。

　身近で夏の換羽を観察できるのは、夏も日本でくらすカルガモくらいです。換羽の時期、カ

▲オナガガモのメス。くちばし全体が黒い。

▲オナガガモ、生殖羽のオス。長い尾羽が特徴。

ルガモは水辺の草かげにかくれるようにくらし、危険を感じると水面をかけるようににげていきます。冬に非生殖羽から生殖羽に変わるときには、飛ぶことに影響のない頭部や肩、からだの側面などが換羽します。

見わけにくい幼鳥の羽の色

カモの場合、夏に繁殖がおわり非生殖羽になると、冬には求愛がはじまり生殖羽にかわります。日本へはその中間にあたる秋に渡ってくるため、エクリプスのまま日本へ到着するオスのカモがいるわけです。そのうえ、春に生まれたヒナが成長し、オスの幼鳥もメスの幼鳥もメスの成鳥ににたからだの色で渡ってくるため、さらに見わけることがむずかしくなります。

オスの幼鳥は成鳥にくらべると、生殖羽にか

▲ヒドリガモの非生殖羽。左がメスで、右がオス。オスのくちばしは灰白色で顔が赤味を帯びて生殖羽に変わりつつある。

わる時期がおそく、春先になってオスらしいからだの色に変化していきます。春先の観察で、換羽の途中のカモを見つけたら、それは前年に生まれた若いカモだと判断できます。

▼7月中旬、換羽中のカルガモ。この時期は翼にある翼鏡（矢印）がめだつ。念入りに羽づくろいをして、羽をととのえる。

第4章 身近な水辺の鳥の観察

群れの中からペアを見つけよう

冬鳥のカモはたいてい群れで行動しています。カモの群れを見つけたら、群れの中から同じ種類のオスとメスをさがしてみましょう。

春先になると求愛行動が見られるようになり、オスどうしのあらそいなどでカモたちの動きが活発になります。そんなようすをじっくり観察してみましょう。

▲オシドリ。左はオス、右はメス。

▲マガモ。左はオス、右はメス。全長59cm。

▲コガモ。左はメス、右はオス。全長38cm。

▲ヨシガモ。左はオス、右はメス。全長48cm。

▲ハシビロガモ。左はオス、右はメス。

▲ヒドリガモ。左はオス、右はメス。

▲オナガガモ。左はメス、右はオス。

▲オカヨシガモ。左はメス、右はオス。全長50cm。

▲キンクロハジロ。左はメス、右はオス。

◀湖面で休むヒドリガモやオナガガモの群れ。頭が赤茶色のカモがヒドリガモ。首すじが白く見えるカモがオナガガモ。

▲湖面に集まるホシハジロとキンクロハジロ。飛んでいるのがホシハジロ、頭が黒く、からだが白いのがキンクロハジロ。

▲ホシハジロ。左はメス、右はオス。潜水してえさをとるタイプのカモ。

▲カワアイサ。左はメス、右はオス。全長65㎝。冬鳥として九州以北に渡ってくるが、北海道では留鳥。潜水してえさをとるタイプのカモ。

＜もっと知りたい＞
カモの雑種のマルガモ

　カモを観察していると、ときどき種類のちがうものどうしから生まれた、交雑種のカモを見ることがあります。えづけによって、密集したカモの中で交雑種が生まれやすいとも考えられていますが、人のまくえさには寄ってこないカモの中でも交雑が見られます。わずかな交雑種が生まれることは、大きな自然界の中で見れば、ごく当たり前のことなのかもしれません。そんな交雑種の中でマガモとカルガモの交雑種をマルガモとよんでいます。

◀マガモとカルガモが交雑したマルガモ（メス）。全長59㎝、冬鳥、留鳥。カルガモににているが、顔やからだの茶色が濃く、くちばしの先の黄色い部分も朱色がかって見える。

53

第4章 身近な水辺の鳥の観察

ハクチョウの観察

日本で冬越しをするハクチョウには、オオハクチョウとコハクチョウの2種類がいます。いずれも代表的な水鳥です。そのちがいを調べてみましょう。

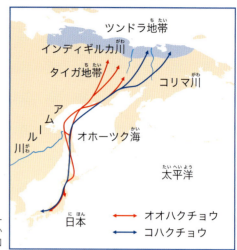

ハクチョウの渡りのコース

環境省のホームページほかを参考に作図

→ オオハクチョウ
→ コハクチョウ

ハクチョウのふるさと

　日本に渡ってくるハクチョウは、オオハクチョウとコハクチョウです。合わせて6万〜7万羽、渡る距離は3000〜4000kmです。

　オオハクチョウは全長140cmで、ロシア北東部を流れるインディギルカ川周辺を10月初旬ころ飛びたち、アムール川河口付近やサハリンあたりを通り10月中旬に北海道へやってきます。その後、北海道から東北へ渡るグループもいて、おもに北海道や東北の広い水辺で冬をすごし、4月下旬、北海道からもといたロシア北東へ渡っていきます。繁殖地をふるさととすれば、オオハクチョウのふるさとは、針葉樹の森がひろがる「タイガ地帯」です。

　いっぽう、コハクチョウは全長120cmで、コリマ川の河口部あたりを10月初旬に飛びたち、サハリンあたりをへて、2週間ほどかけて北海道のクッチャロ湖などに渡ってきます。その後、本州を滋賀県の琵琶湖まで南下し、島根県の中海、宍道湖が越冬地の南限になっています。

　コハクチョウのふるさとは、大地が1年の大半こおっていて、夏の間、地表付近の氷だけがとけて湿地になる「ツンドラ地帯」です。5月から6月にかけて生まれたヒナは、2か月ほどで飛べるようになり、家族で日本へ渡ってきます。若い幼鳥のからだの色は、まだ白くなくすすけた灰色で、成鳥と幼鳥の区別がつきま

▶オオハクチョウの顔。

▲氷におおわれた湖上で鳴き合うオオハクチョウ。「コホー、コホー」とよくひびく声で鳴く。

◀北海道の屈斜路湖で羽づくろいをするオオハクチョウ。くちばしの黄色い部分は鼻孔までのびて、個体によるちがいはほとんどない。

54

▲琵琶湖にやってきたコハクチョウの群れ。間近で見られる場所では、顔のちがいをこまかく観察できる。

す。渡ってきたばかりのときは濃い灰色をしている幼鳥も、春に北帰するころには、だいぶ白くなっています。

オオハクチョウとコハクチョウのちがい

オオハクチョウとコハクチョウは、からだの大きさがちがいます。しかし、いつもいっしょにいるわけではないので、大きさで見わける機会はあまり多くありません。

そこで注目したいのは、くちばしの色です。ハクチョウのくちばしは、先端が黒色、つけね側に黄色の部分があり、この黄色い部分で見わけることができます。黄色い部分が多く、くちばし中央にある鼻孔の先までとどくのがオオハクチョウ、黄色い部分が鼻孔の手前でとまるのがコハクチョウです。

オオハクチョウのくちばし模様は、どれもほぼ同じで、1羽ずつ識別することはできませんが、コハクチョウはくちばし模様がそれぞれちがっていて個体識別が可能です。ですから、その模様を見わけながら観察し記録しておくと、そのハクチョウが毎年同じ場所に渡ってくることや、ある年からぱったり姿を見せなくなったりすることに気づきます。そのため、コハクチョウは「渡り」を実感できる観察対象になります。はじめて渡ってきた日と、春に北帰した日を毎年記録しておくこともたいせつです。

▲コハクチョウの顔はくちばしの黒い部分と黄色い部分の配色が個体によってちがうので、顔を観察することで見わけられる。

▲雪の降りつもった農耕地を歩くコハクチョウの家族。この夏に北方で生まれた幼鳥はからだの色が灰色。

コハクチョウの1日

コハクチョウは、日中と夜とでは、すごす場所がちがいます。どのような1日をすごすのでしょうか。

グループで行動

コハクチョウのねぐらは、開けた水面上にあります。開けた水面であれば、キツネなどの肉食のけものにねらわれる危険が少なく、集団で夜をすごすことによって、仲間のだれかが危険を察したときに、すぐに対応することができます。

コハクチョウは空が白みはじめると水面での動きが活発になり、気の早いグループは日の出とともにねぐらを飛びたち、えさ場に向かいます。コハクチョウは家族単位で行動することが多く、いくつかの家族がグループになって1日をすごします。

▶けものなどの天敵が近寄ることのできない湖水で、ほかのカモ類とともに休むコハクチョウの群れ。

風を利用した飛びたちと着地、着水

からだの大きなコハクチョウは、助走をしないと飛びたつことができません。このとき、コハクチョウは向かい風の方向にかけだします。ひろげた翼に前からの風を受けることで、上昇する力がより強くなります。風の力を利用するのは着地、着水のときも同じです。この場合も向かい風を利用しますが、今度は翼をひろげて向かい風をブレーキの役目につかいます。下りるスピードをゆるめ、あしをふんばるようにして着地、着水をします。

食事と羽づくろい

コハクチョウは植物食の鳥で、水草のほかに稲刈り後の落ち穂や、稲株からでた二番穂をこ

▲向かい風に向かって水面を助走しながら飛びたつコハクチョウの群れ。観察場所の風向きがわかれば、コハクチョウがどちら向きに飛びたち、どちら向きに下りてくるかの予想がつく。

◀大空を飛ぶコハクチョウ。近くで見ていると迫力のある羽ばたきの音が聞こえてくる。

▶風を利用し、翼とあしでブレーキをかけながら着水する。

第4章 身近な水辺の鳥の観察

のんで食べます。朝にねぐらを飛びたったコハクチョウは、自分のこのみの食べ物がある場所へ向かい、えさを食べながら夕方までそこですごします。水辺では、水面にうく水草をくちばしですくいとって食べたり、首だけを水に入れて食べたり、少し深いところにある水草は逆立ちをして食べたりします。

コハクチョウは、よく羽づくろいをします。羽毛には、はじめから防水機能がそなわっていますが、尾羽のつけねにある尾脂腺からでる油脂分を、くちばしで羽毛にぬりこむことによって、さらに防水機能や保温機能が高まります。背中についたよごれは、首で背中に水をかけながらからだをゆさぶって落とします。最後に背のびするように大きく翼を羽ばたかせ、細かいよごれをはじき飛ばします。

ねぐらにもどる

日中、食べては休むをくりかえしながらすごしていたコハクチョウは、夕日がしずむと、ねぐらへもどるために飛びたちます。飛びたつ前、気持ちをひとつにするように、グループごとに首を上下させながら、鳴き声と首のリズムを合わせます。そのタイミングがそろったところで、いっせいに助走を開始して飛びたちます。助走には前方が開けている必要があります。グループは水面や陸上を移動しながら助走路を確保します。リズムを合わせ、鳴き合いながら首を上げ下げしはじめたら飛びたちの合図です。迫力のある飛びたちの瞬間をのがさず観察しましょう。

▲田んぼにのこされた二番穂をついばむコハクチョウ。真ん中と右はしは幼鳥。

▶羽づくろいをするコハクチョウ。油脂分を羽毛にぬりつけながら羽の手入れをする。

▼夕ぐれがせまる琵琶湖に雪が降ってきた。コハクチョウはそろそろねぐらへ移動する時間。

第4章 身近な水辺の鳥の観察

ハクチョウやカモたちの北帰行

春が近づくと日本で越冬していた冬鳥たちが、北の繁殖地に向けて飛びたちます。北帰行です。風向きや天候を鳥たちの本能が感じとり、北帰の日がきまります。北帰の場面に出会うことはとてもラッキーです。またもどってくることを願いながら、見送りましょう。

故郷への旅立ち

気温があがり春の気配が水辺に感じられると、ハクチョウやカモたちは、さかんに水浴びをくりかえします。本州では2月中旬ころになるとハクチョウの北帰行がはじまります。北帰行はいっせいにはじまるわけではなく、3月中旬ころまでいのこる、のんびり者のグループもいます。北帰の日、ハクチョウたちは自分たちが冬越しした水辺の風景をたしかめるように、その上空を何度か旋回しながら、いつもよりも高度を高くとり、北へ向かって飛びさっ

▲北の大地をめざして飛んでいくヒドリガモ。

ていきます。

ハクチョウたちは直接ロシア方面へ北帰するわけではなく、北海道の湖などで5月ころま

▼北帰の日、コハクチョウたちは風の向きをたしかめるように何度か飛行練習をして、北へ向かい飛びたっていく。

▲サクラの花がさき、水がぬるむころ、ホシハジロが北国の繁殖地をめざして飛びたっていった。

で羽を休めてから帰っていきます。行きと帰りではちがうコースをたどるようで、北海道の湖に集まるコハクチョウとオオハクチョウの数は春と秋とではちがっています。カモのグループは直接日本海をこえていくグループと、一度北海道に渡り、そこから北国へ旅立つグループとがいます。

渡り鳥のコースの調査

渡りのコースは渡り鳥につけた足環（バンディング）や首環に書かれた記号や番号を読みとることで調べています。繁殖地や休息地、越冬地

▲Ｖ字の形にならび北へ向かうキンクロハジロの群れ。

で調べることでおおよそのコースがわかります。近ごろでは電子機器の発達で、軽量化した発信器をハクチョウなどにとりつけて、衛星を使い移動経路を調べることができるようになりました（→54ページ）。

おわりに
──水辺の鳥がかかえる現代の問題

日本一の湖から消えていく鳥

　かつて滋賀県の琵琶湖は「鳰（カイツブリの古名）の海」といって、カイツブリがたくさんくらしていた湖でした。ところが最近、カイツブリの姿がめっきり少なくなりました。カイツブリはからだもくちばしも小さいので、えさになる小さな魚がいる湖や池をこのみます。一昔前の琵琶湖には小さな魚から大きな魚までさまざまな魚がいて、カイツブリにとってえさが豊富にありました。しかし、近ごろでは、外来魚のオオクチバスがふえて小魚を食べてしまうことで、カイツブリのえさになる小魚がへってしまいました。

　カイツブリの数が少なくなっていることにひきかえ、琵琶湖とその周辺の水路では、オオバンの数が激増しています。現在は琵琶湖で冬をすごす水鳥のおよそ4割がオオバンといわれています。中国でおきた大洪水で生息地を追われて琵琶湖へやってきたようです。それだけ水鳥とその生息地の環境が深くつながっていることがわかります。

　また、琵琶湖では湖畔の開発事業で、カイツブリが利用しているヨシ原がへり、ヨシ原を巣づくりに利用する鳥たちのなわばりあらそいもはげしくなりました。からだの小さなカイツブリは、そんななわばりあらそいにも負けて数をへらしたようです。ヨシ原がへって困るのは巣づくりをする鳥たちだけではありません。水辺のヨシ原は魚の産卵場所になり、その魚の稚魚が育つ「ゆりかご」の役目もしています。

　さらに、水辺に生えるヨシには水をきれいにする浄化作用があります。水辺の環境の悪化は、やがてまわりまわって、わたしたち人間のくらしにも影響をあたえることになります。

▲ごみが打ちよせた琵琶湖のヨシ原。

▲ごみでよごれた水面にうかぶカイツブリ親子。

川から海まで、水辺の環境と鳥

川や海などの環境はどうでしょう。河川の改修工事やダム建設工事で魚がへっています。魚がいなくなれば、ヤマセミやカワセミはくらしていけません。地球温暖化の影響で海面が上昇し、砂州や干潟が減少すれば、チドリやコアジサシは巣づくりに困ります。渡りの途中に休息場として利用していたシギは行き場を失ってしまいます。

また、水の汚染も心配です。水にダイオキシンなどの汚染物質がふくまれていると、そこにくらす魚の体内に汚染物質が入ります。その魚をたくさん食べたカワウの体内には、食べた分の汚染物質が蓄積していきます。

釣り人が多い水辺では、のこされた釣り糸が足やからだにからまっている鳥や、釣り針でけがをした鳥を見かけることがあります。レジャーなどですてられたごみを、えさといっしょにのみこんでしまう鳥もいます。

自然をまもるもこわすも、わたしたち人間しだいです。水辺の鳥たちの観察をつづけていると、環境の変化を身近に感じることができます。人も鳥も同じ地球でくらす仲間ですから、水辺の鳥たちが安心してくらせる環境を、いつまでもまもっていかなくてはなりません。

▲河川改修は洪水対策になるが、コンクリートにかこまれた川の環境は、水辺にくらす生き物たちをくらしにくくする。

▼カモたちの群れに向かってくるプレジャーボート。カモたちは大急ぎで休息場からにげださなければならない。

『水辺の鳥を観察しよう！』さくいん

【ア】

アオアシシギ …………………7、18
アオサギ…………………………
　　　……3、6、7、31、43、46
アマサギ……………………… 6、
　　　7、12、13、43、46、47
イソシギ ………………… 6、18
イソヒヨドリ ………… 6、7、35
ウズラシギ ……………… 6、16
ウミウ……………………7、34、35
ウミネコ ………………7、34、35
オオジシギ ……………… 6、13
オオセグロカモメ …… 5、7、34
オオソリハシシギ ……………18
オオハクチョウ…………………
　　　………6、14、54、55、59
オオバン ……… 6、10、11、22、
　　　23、24、25、40、41、60
オオヒシクイ ……………6、14
オオヨシキリ……………………
　　　……2、6、7、12、27、43
オカヨシガモ ……………6、52
オグロシギ ………2、6、7、19
オシドリ……………7、31、52
オナガガモ……………………
　　　3、6、14、38、48、50、52
オバシギ ………………7、18

【カ】

カイツブリ………………………
　　　………3、6、10、11、22、
　　　23、24、25、27、40、60
カモ ……………4、10、11、12、
　　　14、38、39、40、45、48、
　　　49、50、52、53、59、61
カモメ…………………15、40
カラス……10、13、24、28、36
カルガモ ………………5、6、
　　　11、38、48、50、51、53
カワアイサ ……………6、53

カワウ ………………………6、
　　　7、30、35、40、41、44、61
カワガラス………………………
　　　………7、10、36、40、43
カワセミ ………………………3、
　　　6、7、32、33、40、42、61
ガン……………………14、20
カンムリカイツブリ ……6、23
キョウジョシギ ………………18
キンクロハジロ…………………
　　　6、15、38、40、48、52、53
クサシギ ………………6、16
クロヅル ………………………19
ケリ ……………… 6、28、29
コアジサシ………………………
　　　……2、6、7、12、34、61
ゴイサギ………… 6、7、43、46
コガモ …………… 6、38、52
コサギ……………………………
　　　……6、7、10、43、46、47
コチドリ ……………6、12、28
コハクチョウ … 6、20、38、45、
　　　54、55、56、57、58、59

【サ】

サギ………31、42、43、44、46
シギ …………………15、16、18
シラサギ ………………31、46
シロチドリ …………6、7、28
セイタカシギ …………6、7、16
ソリハシシギ …………………18

【タ】

ダイサギ…………………………
　　　6、7、31、37、43、46、47
ダイシャクシギ ………………18
タカ………………24、26、28、48
タカブシギ ………………6、16
タゲリ ……………………6、15
タシギ ……………… 6、7、15
タンチョウ………………11、25

チドリ …………16、28、29、61
チュウサギ………………………
　　　6、7、12、13、43、46、47
チュウシャクシギ………………
　　　………………… 6、7、17
チュウヒ ………………6、26
トビ ……………………6、26

【ナ】

ナベヅル………………11、15
鳰(にお)…………………………60

【ハ】

ハクチョウ………………………
　　　………4、12、14、20、38、
　　　41、50、54、55、58、59
ハシビロガモ…………6、39、52
ハマシギ ……………7、9、18
バン……………………6、10、
　　　22、24、26、27、40、41
ヒクイナ ……… 6、12、13、27
ヒシクイ …………………………14
ヒドリガモ………………………
　　　6、14、38、39、48、51、52
ヘラシギ …………………………18
ホシハジロ……………6、14、15、
　　　38、40、48、49、53、59

【マ】

マガモ ………… 6、38、52、53
マナヅル …………… 11、15、19
マルガモ …………………………53
ムナグロ ……………6、7、19

【ヤ】

ヤマセミ ………… 7、10、21、
　　　32、33、40、42、43、61
ユリカモメ…3、6、7、15、41
ヨシガモ ………………6、52

―そのほかの生き物や関連用語―

【あ】

アメリカザリガニ……………………
　　　　　　…………25、37、40
アユ ………………………………44
うき巣 ……………………………22
ウシガエル ………………………25
エクリプス………………50、51
エビ ………………………………25
オオカナダモ ……………………38
オオクチバス（ブラックバス）…
　　　………25、40、41、44、60
オタマジャクシ …………25、43
落ち穂 ……………………………56
尾羽 ………………………5、50、57

【か】

外来魚 ……………… 25、44、60
貝（類）…………16、18、25、48
カエル……………………………
　　……13、16、25、26、41、43
かごぬけ …………………………19
風切羽 …………………… 5、50
かざり羽 …………………………13
ガマ ………………………………38
カワゲラ …………………………36
カワムツ…………………32、42
冠羽 ………………………15、46
換羽………………………50、51
擬傷 ………………………………29
擬傷行動 …………………………29
キツネ ……………………………56
求愛給餌………………32、33
求愛行動………………23、52
クロモ ……………………………38
コアユ……………………43、47
コイ ………………………………40
恒温動物…………………………14
甲殻類……………………16、18

交雑種 ……………………………53
ゴカイ ……………………………18
コケ ………………………………36
コロニー ………30、31、34、44

【さ】

サクラ ……………………………59
ザリガニ ………11、16、40、42
産座 ………………………………33
シマヘビ …………………………25
シュロ ……………………………44
瞬膜 ………………………………42
水生昆虫……………………36、43
スジエビ …………………………40
スズメノカタビラ ………………39
成鳥 …………46、50、51、54

【た】

タイガ地帯 ………………………54
タニシ ……………………………16
旅鳥………………………………
　　……6、15、16、17、18、19
千鳥足 ……………………………29
チョウセンイタチ ………………25
ツンドラ地帯 ……………………54
トカゲ ……………………………35
ドジョウ …………………………43
トビケラ …………………………36

【な】

夏鳥………………………………
　　……6、10、12、13、16、47
夏羽（生殖羽）………… 50、51
なわばりあらそい………22、60
なわばり宣言………………22、23
二番穂 ……………… 38、56、57
ノネズミ …………………………26

【は】

ハス………………………………41

バッタ ……………………………43
ハンノキ …………………………30
鼻孔………………………5、54、55
ヒシ………………………14、22
尾脂腺……………………41、57
漂鳥 ………………… 6、31、35
フナ………………………40、43、44
冬鳥 ………………… 6、10、11、14、
　　15、16、26、40、52、58
冬羽（非生殖羽）………… 47、50
プランクトン ……………………39
ブルーギル………………40、43
ペリット（ペレット）…… 42、43
保護色………………………29、34
北帰行 ……………………………58

【ま】

マコモ ……………………………38
水草 ………………………11、22、
　　38、39、40、43、48、57
水鳥 ……… 4、14、38、44、60
ミミズ ……………16、18、41、43
迷鳥 ………………………………19

【や】

ヤナギ ……………………………43
幼鳥……………………………25、
　　41、50、51、54、55、57
翼鏡 ………………………5、51
ヨシ（原）…… 12、13、22、24、
　　25、26、27、40、43、60
留鳥 ……… 6、10、25、46、47

【わ】

若鳥………………………15、46
渡り鳥 …………… 10、16、19

63

著者　飯村茂樹（いいむら　しげき）

1958年、群馬県高崎市生まれ。20歳から滋賀県に移り、27歳から写真活動に入る。季節の移ろいや時の流れとともに変化する身近な自然を定点で追いながら、生き物の生態をわかりやすく表現している。動物、野鳥、昆虫をはじめ、カエルやザリガニ、タンポポなど、足もとの自然から空の雲まで幅広く撮影。著書に『時間のコレクション』（フレーベル館）、『めざせ！ フィールド観察の達人』（偕成社）、『どんどん　どんぐり！』（写真、チャイルド本社）、『鳥たちが教える琵琶湖の未来』（大日本図書）、『イネ　米ができるまで』（あかね書房）、『紅葉・落ち葉・冬芽の大研究』『どんぐりころころ大図鑑』『田んぼの植物なるほど発見！』『田んぼの生き物わくわく探検！』（以上、写真、ＰＨＰ研究所）、『野山の鳥を観察しよう！』（ＰＨＰ研究所）など多数がある。日本野鳥の会滋賀会員。

参考文献

『図解雑学　鳥のおもしろ行動学』（柴田敏隆・著、ナツメ社）／『おもしろくてためになる鳥の雑学事典』（山階鳥類研究所・著、日本実業出版社）／「カイツブリ」（滋賀県野鳥の会）／「におのうみ」（日本野鳥の会滋賀）／『鳥についての300の質問』（Ａ＆Ｈ・クリュックシャンク・著、青柳昌宏・訳、講談社）／『フィールドガイド　日本の野鳥』（高野伸二・著、日本野鳥の会）／『ぱっと見わけ観察を楽しむ野鳥図鑑』（樋口広芳・監修、石田光史・著、ナツメ社）／『野鳥ウォッチングガイド』（山形則男・写真、五百沢日丸・文、日本文芸社）／『滋賀県の水鳥・図解ハンドブック』（滋賀県小中学校教育研究会理科部会・編集、新学社）／『シラサギの森』（田中徳太郎・著、あかね書房）／『タンチョウの四季』（林田恒夫・著、あかね書房）／『ウミネコのくらし』（右高英臣・著、あかね書房）／『四季の野鳥かんさつ』（菅原光二・写真、山下宜信・文、丸　武志・監修、あかね書房）／『田んぼは野鳥の楽園だ』（大田眞也・著、弦書房）／『湿地といきる』（樋口広芳・成末雅恵・著、岩波書店）／『鳥の渡りを調べてみたら』（ポール・ケリンガー・著、丸　武志・訳、文一総合出版）／『鳥たちの旅　渡り鳥の衛星追跡』（樋口広芳・著、日本放送出版協会）／『鳥の生態と進化』（樋口広芳・著、思索社）／『ヤマセミ・里山の清流に翔ぶ』（飯村茂樹・著、講談社）／『鳥たちが教える琵琶湖の未来』（飯村茂樹・著、大日本図書）

企画・編集：プリオシン（岡崎 務）
協力：岡田登美男／岡田 勉／草津湖岸
　　　コハクチョウを愛する会／植田 潤
イラスト：森上義孝／青江隆一郎
図版：青江隆一郎
レイアウト・デザイン：杉本幸夫

水辺の鳥を観察しよう！
湖や池・河川・海辺の鳥

2017年8月1日　第1版第1刷発行

著　者　飯村茂樹
発行者　山崎　至
発行所　株式会社PHP研究所
　　　　東京本部　〒135-8137 江東区豊洲 5-6-52
　　　　児童書局　出版部 TEL 03-3520-9635（編集）
　　　　　　　　　普及部 TEL 03-3520-9634（販売）
　　　　京都本部　〒601-8411 京都市南区西九条北ノ内町11
　　　　PHP INTERFACE　http://www.php.co.jp/
印刷所　共同印刷株式会社
製本所　東京美術紙工協業組合

©Shigeki Iimura 2017 Printed in Japan　ISBN978-4-569-78680-3

※本書の無断複製（コピー・スキャン・デジタル化等）は著作権法で認められた場合を除き、禁じられています。また、本書を代行業者等に依頼してスキャンやデジタル化することは、いかなる場合でも認められておりません。
※落丁・乱丁本の場合は弊社制作管理部（TEL03-3520-9626）へご連絡下さい。送料弊社負担にてお取り替えいたします。

63P　29cm　NDC488